LA ROSE

LA

ROSE

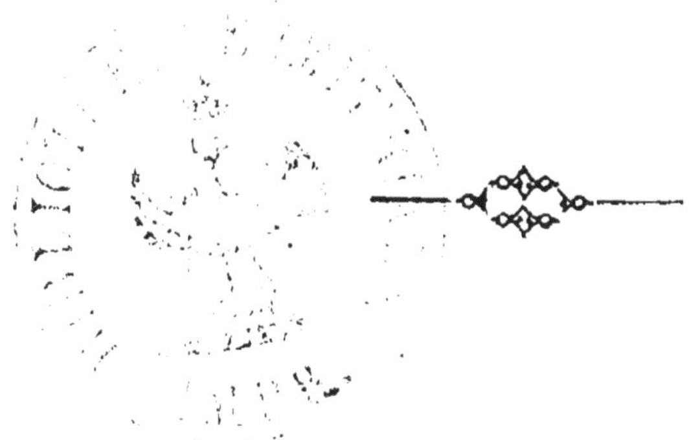

LILLE

L. LEFORT, IMPRIMEUR - LIBRAIRE.

1854.

PROPRIÉTÉ DE

LA ROSE

I

L'abbé Faucheur était connu pour son goût passionné pour les fleurs ; et elles étaient encore très-souvent pour lui un moyen d'obtenir des annonces pour ses pauvres. Comment refuser une offrande destinée au chauffage des indigents, à un homme qui toute l'année garnissait vos vases et vos corbeilles de fleurs les plus fraîches? Voici un trait caractéristique de cet excellent homme, et qui se trouvera fort naturellement à la tête d'un chapitre consacré à la rose.

L'abbé était en relation avec tous les horticulteurs; il obtenait des échanges, donnait des boutures, faisait des semis. Un jour un pied de rosier vint à fleurir, pour la première fois dans son parc de semis, au bout de dix ans, et lui révéla une *remontante* de la plus grande beauté. L'abbé aimait à nommer ses fleurs, et celle-ci fut nommée *Grétry*, un autre ami des fleurs.

Ravi de son succès, l'abbé Faucheur courut montrer sa chère fille à tous les connaisseurs, dont les éloges firent monter un peu d'orgueil au cœur de l'humble vicaire. En rentrant chez lui, son rosier sous le bras, une pauvre femme l'aborda en demandant l'aumône. L'abbé fouille dans sa poche ; il n'a pas un liard, pas un mouchoir, pas même un chapeau sur sa tête : « Je n'ai rien, dit-il, ma bonne. »

« Ah, monsieur Faucheur, vous êtes si charitable ! Je suis si malheureuse ! quelque petite chose, je vous prie. »

« Hélas ! dit l'abbé en regargardant son rosier ; puis il reprit : Revenez demain, peut-être aurai-je quelque argent. » Demain, reprit la pauvre femme, mais mes enfants n'ont pas à manger aujourd'hui. »

« Est-ce bien vrai ? s'écria le prêtre en regardant attentivement la rose et la mendiante. Cette femme pleurait, l'abbé n'hésita plus. La charité est ingénieuse, elle venait d'inspirer à notre bon Faucheur une pensée qu'aucun de nos jaloux jardiniers n'aurait certainement eue. Tenez, ma chère femme, dit-il, après avoir jeté sur la *Gretry*, un dernier regard d'orgueil et de regrets : portez cette fleur à M. *** dites-lui que l'abbé Faucheur consent à la lui vendre, il vous en donnera un bon prix, et vous aurez du pain. »

II

O mes amis, imitez ce touchant exemple. Vous, le voyez, tout peut être une occasion de mérite et d'instruction. Une rose, par son éclat, ne vous rappelle-t-elle pas la beauté divine, ne nous élève-t-elle pas jusqu'à la beauté céleste? Une rose, par sa fragilité, ne vous indique-t-elle pas l'inconstance et la fragilité des biens de ce monde périssable? Si vous voyez l'éclat de la rose, si vous sentez ses parfums, remerciez Dieu, qui vous a créés pour fleurir un jour dans la céleste patrie comme une rose immortelle. Ou bien, privez-vous de la voir et de la sentir, et que par la mortification, la rose soit encore pour vous une occasion de mérite. Car, remarquez-le bien, le chrétien à qui le monde reproche d'être trop détaché des biens de la vie, met chaque chose à sa place, profite et jouit de tout, même de ce qu'il se refuse. Au contraire, l'homme égaré par les voluptés ne jouit de rien, aucune faveur de la Providence n'élève son âme à Dieu, et il ne le remercie d'aucun de ces dons que le ciel lui prodigue. Oh ! Dieu, purifiez le regard de notre cœur, afin qu'il puisse apercevoir à travers les beautés de la nature visible, les beautés du monde invisible qui nous enveloppe de toutes parts, et qui a, pour ainsi dire, bien plus de réalité que le monde matériel. Que partout nous suivions les traces de la puissance, de la bonté, de la miséricorde de Dieu, qu'il a semés à chaque pas devant nous. « Bienheureux ceux qui ont le cœur pur, parce qu'ils verront Dieu, » et, pour ainsi dire, dès ici-bas, par leur habitude de s'élever de la créature au Créateur.

Voyez, mes amis, ces épines qui accompagnent la rose ; il y a un proverbe qui dit : *Il n'y a point de roses sans épines*. Non, il n'y a point de roses sans épines; car la vertu suppose la force, le sacrifice ; elle commence par la peine, mais elle est féconde en résultats salutaires ; elle est accompagnée des saintes voluptés de l'âme. Non il n'y a pas de roses sans épines ; c'est-à-dire, tout vice, tout excès, toute passion, entraîne après elle la souffrance, et engendre le malheur de celui qui s'y adonne.

III

Tressez des couronnes, mes enfants, portez-les aux pieds des autels de Marie quand s'ouvre son mois bien-aimé : mais que les roses dont elle sont formées soient le symbole des vertus dont vous lui ferez hommage.

Vierge, reçois cette couronne,
Fais qu'elle soit le gage heureux
De celle qu'au pied de ton trône
Tu nous réserves dans les cieux.

Une bergère portait tous les jours, dans la saison, une couronne de fleurs sur la tête d'une grossière statue de la Vierge élevée dans les bois. Elle mérita par là que la Vierge vînt au-devant d'elle pour la recevoir à ses derniers moments.

Vous connaissez aussi la couronne du chapelet; donnez-la souvent à Marie, en le récitant, et vous en retirerez mille biens pour votre âme! une guirlande de vertus acquises, de défauts réprimés! Quel hommage agréable à Dieu!

Un vertueux jeune homme, qui pratiquait fidèlement cette dévotion solide, a exprimé ces sentiments par les paroles suivantes: « Vierge sainte, je ne passerai aucun jour sans cueillir quelques fleurs pour en orner votre front maternel. Que je passerais volontiers ma vie au milieu des épines, si les roses qui en doivent éclore peuvent vous être agréables ! Oh ! Marie, j'ai la douce espérance que pour cette couronne fragile que je vous aurai offerte, vous en obtiendrez à votre serviteur une qui ne périra jamais. »

La bienheureuse Rose de Lima récitait souvent le beau cantique composé par les trois Hébreux dans la fournaise de Babylone, et en entrant dans son jardin, elle invitait toutes les plantes à bénir Dieu, leur adressant ces mots du même cantique : « Créatures, qui germez sur la terre, bénissez le Seigneur. » On entendait alors les feuilles remuer et causer un doux murmure, et on voyait que les arbres, courbant leurs branches jusqu'à la terre, étaient sensibles à l'invitation de la sainte. Une confidente de Rose, la suivant un matin, vit ce prodige, elle fut étonnée de ce que la sainte ne paraissait pas surprise : Voyez, lui dit alors la servante de Dieu, si le maître que nous servons n'est pas digne de nos hommages et de tout notre amour, puisque des êtres inanimés le révèrent si sensiblement.

Pour être moins apparent, le miracle n'est pas moins visible aux yeux du chrétien : les fleurs comme les astres racontent la gloire de Dieu, et la rose surtout qui les surpasse toutes en éclat et en beauté ; la rose, la reine des fleurs, semble rendre encore un hommage plus précieux au Seigneur ; hommage auquel il faut vous unir, et dont vous êtes le seul interprête ici-bas.

IV

Il n'est pas de fleur sur laquelle on ait autant écrit que sur la rose, dit un naturaliste chrétien. La mythologie a supposé qu'une déesse, voulant cueillir cette fleur, se piqua aux épines qui l'entourent et la colora de son sang. Le christianisme lui-même, plus grave et plus vrai, admirant dans la rose, ce que le Créateur y a jeté de graces, de fraîcheur, de couleurs éclatantes, d'inimitables beautés, applique le nom de cette fleur à la Mère de Dieu, qu'il appelle *rose mystérieuse*, *rose sans épines*.

Tout ce que la rose donne de plaisir à la vue, de satisfaction à l'odorat, de bien au cœur, le bouton de cette fleur le renferme et le promet. C'est donc l'espérance dont il est l'emblême.

En unissant le bouton de rose à l'immortelle, nous disons que les saintes joies du ciel qui ne finiront pas nous sont réservées, qu'il y a bien sur la terre des sacrifices à supporter pour arriver à ce bonheur, mais qu'au bout du pèlerinage de cette vie, nous trouverons les plus glorieuses et les plus douces espérances. Le même auteur dit encore en parlant de la rose : « Les yeux se reposent avec plaisir sur l'incarnat de la fleur que font ressortir les feuilles d'un vert si tendre ; et ces épines qui semblent la défendre, elles l'embellissent encore, placées qu'elles paraissent être pour retenir l'indiscrétion dont le souffle seul pourrait la flétrir.

V

On ne peut préciser le nombre des variétés de la rose ; la culture, les a multipliées à l'infini ; mais chaque fleur n'a qu'une existence courte et éphémère ; l'instant qui voit éclore la rose est bien près de celui ou elle va se flétrir. Il en est ainsi de notre vie, même la plus longue, car tout ce qui doit finir est de courte durée.

On prétend que les jeunes filles dont la profession est de cueillir les roses pour en exprimer le suc et en former *l'eau de rose*, se flétrissent bientôt, et par leur pâleur font un frappant contraste avec la fleur qui leur donne cette pâleur. Il en est ainsi des plaisirs, qui flétrissent bien vite les âmes qui veulent en exprimer le suc et les épuiser.

« La rose donc, en nous représentant la beauté, nous parle

aussi de son peu de durée. Que sera-ce d'une beauté qui ne finira jamais et d'où découlent comme de leur source toutes les beautés, si celle qui passe si rapidement près de nous émeut notre cœur ! Ce cœur est fait pour de grandes choses ; il y a en quelque sorte de l'infini dans ses désirs, et tout, sur la terre, a des limites qui l'enchaînent. Ce n'est que la contemplation de cette beauté toujours ancienne et toujours nouvelle, qu'admirent à jamais les élus dans le ciel, qui peut le satisfaire pleinement. »

Ici bas, tout nous parle de Dieu; mais tout nous revèle la grandeur de notre âme et l'imperfection de toutes les créatures; elles peuvent réveiller encore le sentiment de l'infini, mais elles ne peuvent le satisfaire. Tout en révélant Dieu, elles se déprécient elles-mêmes, et leur variété n'est qu'une faible image de son infinité, où toutes les beautés sont réunies dans une divine unité.

Voilà des pensées que l'on ne doit cesser de répéter sous toutes les formes, à toutes les occasions; car elles sont le secret de notre vie, de nos grandeurs, de nos faiblesses et de nos destinées; car toute la création ne semble faite que pour nous les rappeler, et elle les retrace constamment comme en énigme et dans un miroir.

VI

Je ne puis passer sous silence le miracle des roses dont il est parlé dans la Vie de sainte Elisabeth : C'est là une image frappante de ce que peuvent devenir nos actions les plus communes par la bonne intention que nous leur appliquons. La bonne intention est pour ainsi dire, une pierre philosophale qui change en or les substances les plus humbles, tandis que les plus belles actions en apparence, faute d'une bonne intention, deviennent sans valeur et sans mérite aux yeux de Dieu.

Elisabeth, dit son historien, aimait à porter elle-même aux pauvres à la dérobée, non-seulement l'argent, mais encore les vivres et autres objets qu'elle leur destinait. Elle cheminait, ainsi chargée par les sentiers escarpés et détournés qui conduisaient de son château à la ville et aux chaumières des vallées voisines. Un jour qu'elle descendait accompagnée d'une de ses suivantes favorites, par un petit chemin très-rude, que l'on montre encore, portant dans les pans de son manteau du pain, de la viande, des œufs et d'autres mets pour les distribuer aux pauvres, elle se trouva tout-à-coup en face de son mari qui revenait de la chasse. Etonné de la voir ainsi ployant sous le poids de son fardeau, il lui dit : « Voyons ce que vous portez. » Et en même temps il ouvrit malgré elle le manteau qu'elle serrait toute effrayée contre sa poitrine. Mais il n'y avait que des roses blanches et rouges, les plus belles qu'il eut vues de sa vie. Cela le surprit d'autant plus que ce n'était pas la saison des fleurs. Voyant le trouble d'Elisabeth, il voulut la rassurer par ses caresses; mais il s'arrêta tout-à-coup, en voyant apparaître sur sa tête, une image lumineuse en forme de crucifix. Il lui dit alors de continuer son chemin sans s'inquiéter de lui, et revint lui-même à la Marbourg, en méditant avec recueillement sur ce que Dieu faisait d'elle, et en emportant avec lui une de ces roses merveilleuses qu'il garda toute sa vie.

A l'endroit même où cette rencontre eut lieu, à côté d'un vieil arbre qui fut bientôt abattu, il fit élever une colonne surmontée d'une croix, pour conserver à jamais le souvenir de celle qu'il avait vue planer sur la tête de sa femme. Le souvenir de ce miracle s'est conservé même parmi les protestants. On cultive encore des roses en grande quantité autour de l'église de la sainte à Marbourg.

Un miracle semblable est attribué à sainte Rose de Viterbe, et à une autre sainte illustre, l'humble servante Zite, patronne du pays de Lucques. Ses maîtres autorisaient ses nombreuses charités, car tout prospérait entre les mains de Zite. Un jour l'un d'eux la rencontre, et lui demande ce qu'elle porte dans son tablier : « Ce sont des fleurs, mon bon maître, voyez plutôt. » En effet, le tablier était rempli des fleurs les plus charmantes, qui redevinrent bientôt des pains savoureux pour les pauvres.

Ces deux saintes femmes, Elisabeth et Zite, vivaient à la même époque : l'une servante, l'autre fille des rois ! Quelle dissemblance à l'extérieur ! Quelle vie semblable à l'intérieur par l'amour de Jésus ! Quelle gloire, quelle couronne sur toutes deux, filles chéries du Sauveur des hommes !

VII

Tous les poètes ont chanté la rose. Salomon compare la sagesse éternelle aux plantations de rosiers qu'on voyait près de Jéricho.

L'île de Rhodes, où on cultivait les roses pour les parfums, était appelée *l'île des fleurs*. Souvent nos anciens chevaliers prirent des roses pour emblêmes, car la douceur doit accompagner le courage.

Florence, la plus riante des villes d'Italie et qui semble être couchée dans un berceau de verdure et de roses est nommée *la ville des fleurs*, qui lui ont donné son nom.

La rose seule réunit toutes les perfections de la fleur. Elle a fraîcheur, forme agréable, couleur vive et douce, odeur suave et délicieuse.

On compare les plus belles choses à la rose, les délicates nuances de l'aurore, la fraîcheur du matin, la beauté de la jeunesse, le riche éclat du printemps. Tout ce qu'il y a de riant dans la nature se mêle à son image, et son nom seul embellit tout ce qu'il accompagne. Dans toutes les circonstances de la vie, à tous les âges, cette fleur nous est douce; sa vue rafraîchit les imaginations, écarte les idées tristes, et fait diversion à la douleur.

Elle se marie à toutes nos sensations, et semble toujours avoir quelque rapport avec nous. Penchée sur sa tige épineuse, elle paraît languissante à l'homme mélancolique; elle représente le bonheur, lorsqu'elle s'épanouit; la jeunesse aime à cueillir le matin son bouton couvert de rosée, et elle rappelle au vieillard ses premières années.

Et pourtant quoi de plus fragile que la rose ! comme elle prèche la vanité des félicités de ce monde ! comme elle nous rappelle avec éloquence ces paroles d'Isaïe : « Oui, tous les mortels ne sont que de l'herbe, et toute leur beauté ressemble à la fleur des champs : le Seigneur a répandu son souffle, l'herbe s'est séchée, et la fleur est tombée. »

La rose, même sur son déclin, a des attraits qui la font triompher de ses rivales dans l'élégant parterre où elle étale ses perfections. La rose renaît à chaque printemps, et à chaque printemps elle nous paraît nouvelle. La moins rare des fleurs est toujours la plus recherchée : si nous la voyions pour la première fois, quels transports d'admiration n'exciterait-elle pas en nous ? Quel prix ne mettrions-nous pas à sa possession, puisqu'en la voyant tous les jours pendant une partie de l'année, nous ne nous lassons pas de l'admirer ? Mais il en est de la rose comme de toute la création, qui s'épanouit au souffle de Dieu ? Ne devrions-nous pas toujours la voir avec admiration ! Et le souvenir de ce Dieu éternel et infini, présent partout, n'ajouterait-il pas mille charmes à toutes les beautés finies, naturelles et créées ? Ne semble-t-il pas que la rose, lorsque nous l'étudions, nous tient ce langage : « J'étais cachée dans une toute petite graine, qui ayant germé dans le sein de la terre, notre mère commune, grace à la chaleur vivifiante du soleil, que tempéraient de tièdes ondées, ne produisit d'abord qu'un brin d'herbe; mais ce brin d'herbe sé développa, et forma peu à peu un arbrisseau, qui déployant bientôt ses rameaux touffus, tendit ses feuilles et ses fleurs à la main qui voulait les cueillir. Je suis entourée d'épines, mais Celui qui m'a faite ne me les a pas données pour ma honte, mais pour ma garde. Roulée sur moi-même, en forme de globe, je me dérobe aux injures de la nuit. Quand l'aurore se lève, je m'ouvre en calice, et bientôt j'étale toutes mes feuilles au grand soleil. Tu admires l'ordre de mes pétales, mon odeur, ma variété, mes couleurs. Tu fais l'éloge de mes propriétés et de mes vertus. Tu proclames que les eaux de toute espèce, les huiles, les parfums, les sucres, gagnent beaucoup à mon alliance. C'est bien ! Mais tout ce que tu as d'admiration et de louanges, tourne-le vers mon Créateur qui est aussi le tien. C'est lui qu'il faut admirer, louer, aimer ; et retiens bien ce qu'enseigne Salomon : Celui qui a créé les choses est plus puissant qu'elles ; et la grandeur et la beauté de la créature, peuvent faire connaître et rendre en quelque sorte visible le Créateur. »

VIII

Vous appliquerez ainsi sans peine à la *Rose mystique*, à la première rose du paradis, à notre divine mère, la vierge Marie mère de Dieu, les louanges que nous avons adressées au faible symbole de ses vertus. Elle aima la pauvreté, qui fut pour elle comme une *rose d'or*; cette reine des anges ne rejettera pas la pauvreté d'une langue humaine, car toute langue bégaie, lorsqu'elle essaie de louer les magnificences de Marie.

Saint Ambroise fait ainsi son portrait : « La Vierge avait une candeur admirable, un air simple, une parole grave, des projets pleins de sagesse. Ses manières étaient décentes, sa démarche n'avait rien d'efféminé, sa voix était toute timide... Enfin elle avait tant de perfections, qu'elle fut élevée à la qualité de mère de Dieu. Eloignée du bruit du monde, elle était seule dans son oratoire, lorsque l'ange vint la visiter. Elle garda le silence, lorsque Gabriel la salua pleine de grace, mais elle répondit quand il l'appela Marie.... Elle était toute indulgence, et sa beauté jetait dans des extases de vertu. Les graces du Seigneur découlèrent sur la terre à travers le sein d'une vierge timide, comme pour rendre ses graces encore plus belles. Le brûlant soleil de l'éternité devient l'enfant de la fraîche aurore : la gloire et l'immortalité s'engendrent au sein des plus douces et des plus belles vertus. »

Pour frapper les cœurs endurcis, Dieu a gravé les paraboles et les figures de ses divins mystères, tout autour de nous, ainsi qu'un puissant monarque fait imprimer le sceau de ses armes sur les monnaies d'or qu'il distribue dans ses états. Ne retrouvons-nous pas sous les voiles des plus simples objets de la création les vérités les plus ravissantes de la religion?

Au contraire, l'incrédulité flétrit tout ce qu'elle touche ; tout sèche sur son passage, tout se fane sous ses pas. Elle ne connaît plus la rose que comme le cadavre d'un enfant moissonné au matin de sa vie. Le cœur de l'incrédule est insensible, et pour lui il n'y a pas de véritable beauté.

IX

Les roses nous rappellent la délicieuse légende des fleurs de mai, composée par deux jeunes paysannes.

Qui aurait vu Jeff sur la grève les yeux brillants et les joues roses,

Qui aurait vu Jeff au pardon aurait eu le cœur réjoui.

Mais qui l'aurait vu sur son lit,

aurait pleuré de pitié pour elle;

Pour la pauvre fille malade, aussi pâle qu'un lis d'été.

Elle disait à ses compagnes assises sur le bord de son lit :

Mes compagnes, si vous m'aimez, au nom de Dieu ne pleurez pas.

Vous le savez bien : il faut mourir ; Dieu lui-même est mort, *mort en croix*.

Comme j'allais puiser de l'eau à la fontaine, le rossignol de nuit chantait d'une voix douce :

Voilà le mois de mai qui passe, et les fleurs des haies avec lui.

Heureuses les jeunes personnes qui meurent au printemps; comme la rose quitte la branche du rosier, la jeunesse quitte la vie.

Celles qui mourront avant huit jours, on les couvrira de fleurs nouvelles,

Et du milieu de ces fleurs, elles s'élèvent vers le ciel, comme le parfum du calice des roses.

Jeffik, Jeffik, vous ne savez pas ce que le rossignol a dit :

Voilà le mois de mai qui passe, et les fleurs des haies avec lui.

Quand la pauvre fille entendit, elle mit ses deux mains en croix.

Je vais dire un *Ave Maria*, en votre honneur, douce Marie :

Pour qu'il plaise à Dieu votre fils, d'avoir pitié de moi ;

Pour que j'aille , sans tarder, attendre mes compagnes dans le paradis.

Sa prière était à peine finie, qu'elle pencha sa tête ;

Elle pencha la tête, et puis ferma les yeux.

En ce moment, on entendit encore le rossignol qui chantait au courtil :

Heureuses les jeunes personnes qui meurent au printemps!

Heureuses les jeunes filles qu'on couvre de fleurs nouvelles.

X

La terre est un vaste jardin parsemé de fleurs qui répandent un charme singulier sur tout le domaine de l'homme : lors même qu'il se renferme dans les bornes étroites de sa demeure, elles semblent vouloir la lui rendre plus aimable, en se réunissant dans son parterre, et en s'y plaisant plus qu'ailleurs. On dirait que les plus belles, séparées du vulgaire pour former une ambassade brillante, viennent rendre hommage à leur seigneur, et saluer, par députés, le roi de la nature.

On ne peut douter que la beauté des fleurs ne tende à inspirer la gaîté. La vue en est si touchante et le pouvoir si sûr, que la plupart des arts qui veulent plaire ne croient jamais mieux réussir qu'en empruntant leur secours. De tout temps elles furent le symbole de la joie. Elles étaient autrefois l'ornement inséparable des festins, et elles se montrent encore avec avantage sur la fin de nos repas, quand elles viennent, avec le fruit, ranimer la fête qui commence à languir. Les fêtes de la campagne ne se passent point sans guirlandes : celles des personnes de tout sexe et de tout rang commencent par une fleur ; et si l'hiver la refuse, l'art sait la contrefaire. La jeune épouse parée magnifiquement au jour de ses noces, croirait qu'il lui manque quelque chose, si elle ne s'ornait d'un bouquet. Une reine, dans les plus grandes solennités, ne dédaigne pas cet ornement champêtre : elle aime à tempérer l'éclat de la majesté par cet air de gaité et de douceur que donnent le mélange et l'union des fleurs avec la beauté.

XI

Chaque fleur paraît au moment qui lui a été prescrit. Le Créateur a exactement déterminé le temps où l'une doit développer ses feuilles, l'autre fleurir, une autre se faner. Par cette succession elles nous donnent une superbe fête, composée de décorations qui se suivent dans un ordre réglé. Vous avez vu d'abord la perce-neige sortir de la terre : long-temps avant que les arbres se hasardassent à développer leurs feuilles, elle osa se montrer ; et, de toutes les plantes, elle fut la première et la seule qui charma les yeux de l'amateur curieux et empressé. Parut ensuite la fleur de safran ; mais timide, parce qu'elle était trop faible pour résister à l'impétuosité des vents. Avec elle, se montrèrent l'aimable violette et la brillante primevère. Ces plantes, et quelques autres sur les montagnes, faisaient l'avant-garde de l'armée des fleurs ; et leur arrivée, si agréable par elle-même, avait encore le mérite de nous annoncer la venue prochaine d'une multitude de leurs aimables compagnes.

En effet, nous voyons après elle se montrer avec ordre les autres enfants de la nature, chaque mois étale les ornements qui lui sont propres. La tulipe commence à développer ses feuilles et ses fleurs. Bientôt la belle anémone formera un dôme en s'arrondissant : la renoncule déploiera toute sa magnificence, et charmera nos yeux par l'heureuse distribution de ses couleurs. Les couronnes impériales, les narcisses à bouquet, le muguet, le lilas, l'iris et la jonquille s'empressent à décorer les parterres. Dans le lointain, les arbres fruitiers mélangent les couleurs les plus tendres avec la verdure naissante, et relèvent de toutes parts la beauté des jardins.

J'aperçois en même temps se développer le feuillage des rosiers : pour tenir le premier rang parmi l'aimable troupe des fleurs, leur reine va s'épanouir, et étaler tous les agréments qui la distinguent.

Il n'y a personne qui ne soit touché des charmes qu'elle offre à nos regards. Qui peut, sans éprouver une douce émotion, voir une rose entr'ouverte aux rayons du soleil levant, toute brillante des gouttes de rosée dont elle est chargée, et mollement agitée sur sa tige légère, par le vent frais du matin? Les lis, les juliennes, les giroflées, les thlaspis, les pavots accourent aux ordres de l'été; et l'œillet se montre avec toutes les graces qui lui sont propres.

L'automne présente ensuite les

pyramidales, les balsamines, les soleils, les tubéreuses, les amaranthes, l'œillet d'Inde, les colchiques, et cent autres espèces. La fête continue sans interruption : Celui qui y préside offre sans cesse de nouvelles beautés, et prévient, par d'agréables changements, les dégoûts inséparables de l'uniformité. Enfin le triste hiver, ramenant les frimas, couvre d'un noir rideau toute la nature, et nous en dérobe le spectacle ; mais, en faisant souhaiter le retour de la verdure et des fleurs, il procure quelque repos à la terre épuisée par tant de productions.

XII

Arrêtons-nous ici, et réfléchissons sur les vues de sagesse et de bienfaisance qui se manifestent dans cette succession des fleurs. Si toutes paraissaient en même temps, nous serions privés du plaisir que procurent ces changements agréables et progressifs, qui nous rendent la nature toujours nouvelle ; nous serions tantôt dans une excessive abondance, tantôt dans une entière disette : à peine aurions-nous eu le temps d'observer la moitié de leurs agréments, que nous en serions privés. Mais, comme chaque espèce a sa place et son temps marqués, nous pouvons les contempler à notre aise, les examiner, jouir à loisir de leurs charmes, et faire une plus ample connaissance avec elles. Si d'ailleurs elles ne se montraient pas tour-à-tour dans la saison qui leur convient, que de fleurs et de plantes périraient exposées, par exemple, aux nuits froides que souvent on éprouve au printemps ! Où tant de millions d'animaux et d'insectes trouveraient-ils leur subsistance, si toutes elles fleurissaient, si toutes elles donnaient leurs fruits à la fois ?

Quelle bonté dans le Dieu de la nature, de combler ainsi l'homme de bienfaits sans cesse renaissants, et de ne pas se borner à multiplier ses graces, mais de les rendre constantes et durables ! Oui, sans doute, il nous conduit par un chemin de fleurs ; et partout elles naissent sous nos pas, afin que leur aspect adoucisse et charme le pèlerinage de notre vie.

Le même ordre dans lequel se suivent les plantes et les fleurs, se remarque aussi dans l'espèce humaine. Chaque homme paraît sur la terre au lieu que l'Etre infiniment sage lui assigne, et dans le temps qu'il a choisi pour son existence. Depuis le commencement du monde les générations se succèdent régulièrement sur ce vaste théâtre. Des enfants naissent, des hommes croissent, des vieillards sont près de retourner dans la poussière ; et, tandis que l'un se prépare à se rendre utile, l'autre a déjà fini son rôle, et sort de la scène. Qui sait quand la mort doit m'appeler moi-même ?..... Ah ! puissé-je quitter la vie d'une manière aussi honorable que les fleurs , dont l'existence a répandu tant de charmes dans le cercle étroit où elles étaient renfermées ! Elles furent l'ornement des jardins. et la joie de ceux qui les possédaient : leur mort a été moins triste, parce que leur vie fut agréable et utile. Que les gens de bien me regrettent ! qu'ils aiment à se rappeler mon souvenir ! qu'ils se disent l'un à l'autre, en pleurant sur ma tombe : « Hélas ! pourquoi n'a-t-il pas vécu plus long-temps ? »

Ce qui nous charme surtout dans les teintes et les nuances des fleurs, c'est la simplicité de ce bel ouvrage. On pourrait penser que le Créateur a dû employer une infinité de matériaux, pour embellir ainsi la nature, et distribuer aux fleurs et aux plantes tant de couleurs si riches et si éclatantes. Mais, pour faire de la création un théâtre de merveilles, Dieu n'a pas besoin de pénibles préparatifs. les éléments les plus communs prennent sous sa main les formes les plus belles et les plus variées. L'eau et l'air s'insinuent dans les canaux des plantes; ils se filtrent dans une suite de tuyaux transparents : et cela seul opère toutes les beautés qu'on aperçoit dans le règne végétal. Telle est la cause des agréments de la vie, et du parfum des fleurs. Si chaque couleur avait sa cause particulière, la surprise diminuerait. Vous verrez, quand nous nous occuperons de la lumière, que toutes les couleurs dépendent du principe le plus simple. On contemple avec satisfaction, et on ne se lasse point d'admirer comme l'effet d'une profonde sagesse, un ouvrage qui, avec autant de variété dans ses parties, est cependant simple eu égard à sa cause.

De chaque fleur, je puis m'élever vers le Créateur ; saisir, dans leurs couleurs mêmes, l'empreinte de ses perfections, et y trouver de nouveaux sujets de le bénir.

— Lille. Typ. L. Lefort. 1854. —

www.ingramcontent.com/pod-product-compliance
Ingram Content Group UK Ltd.
Pitfield, Milton Keynes, MK11 3LW, UK
UKHW021819190726
13853UKWH00003B/1063

9 782329 608082